FORSCHUNGSBERICHTE DES LANDES NORDRHEIN-WESTFALEN

Nr. 1684

Herausgegeben
Im Auftrage des Ministerpräsidenten Dr. Franz Meyers
vom Landesamt für Forschung, Düsseldorf

Dipl.-Phys. Peter C. Winterhager

Mitteilung aus dem Institut für Verfahrenstechnik
an der Rhein.-Westf. Techn. Hochschule Aachen
(Direktor: Prof. Dr.-Ing. Siegfried Kiesskalt)

Untersuchung des Rücksprühens an Modell-Elektrofiltern unter besonderer Berücksichtigung der mit dem Rücksprühen verbundenen, kurzseitigen Stromimpulse

Springer Fachmedien Wiesbaden GmbH

ISBN 978-3-663-06470-1 ISBN 978-3-663-07383-3 (eBook)
DOI 10.1007/978-3-663-07383-3

Verlags-Nr. 011684

Ursprünglich erschienen bei Westdeutscher Verlag, Köln und Opladen 1966

Gesamtherstellung: Westdeutscher Verlag

Inhalt

1. Einleitung

Elektrofilter dienen zur Abscheidung von festen und flüssigen Schwebeteilchen aus Gasen. Speziell bei der Abscheidung von festen Teilchen begrenzt der spezifische elektrische Widerstand der abgeschiedenen Staubschicht die Wirksamkeit eines Filters. Der Widerstandsbereich, in dem eine Abscheidung mit normalen Elektrofiltern möglich ist, liegt zwischen 10^4 und etwa 10^{10} Ωcm. Von besonderer Bedeutung ist hierbei die obere Grenze von $\approx 10^{10}$ Ωcm, weil sehr viele Stäube in diesem hochohmigen Bereich oder noch darüber liegen. Zur Abscheidung von Stäuben mit einem Widerstand über dieser kritischen Grenze können einerseits Spezialfilter mit getrennter Ionisations- und Abscheidezone verwendet werden, oder es kann durch eine Vorbehandlung des Gas-Staubgemisches der Widerstand unter den kritischen Wert gebracht werden. Als geeignete Vorbehandlung kommt z. B. das Eindüsen von Wasserdampf in den Gasstrom, die Abkühlung oder Erwärmung des zu reinigenden Gases in Frage.
Die Ursache für das Versagen der Elektrofilter bei sehr hochohmigen Stäuben ist das sogenannte Rücksprühen, das erstens die Überschlagspannung des Filters stark herabsetzt und zweitens durch Erzeugung zusätzlicher Ionen im Filterraum die Aufladung der Staubteilchen behindert. Da bei industriellen Anlagen der Staubwiderstand gewissen Variationen unterworfen ist, die durch Änderung der chemischen oder physikalischen Zusammensetzung des Staubes, durch Änderung des Wasserdampfgehaltes oder der Temperatur des Gases hervorgerufen werden, kommt es vor, daß der Widerstand zeitweise über der kritischen Grenze liegt und das Filter deswegen mit schlechtem Wirkungsgrad betrieben wird. Das schnelle und sichere Erkennen eines solchen ungünstigen Betriebszustandes ist die Voraussetzung für eventuell zu treffende Gegenmaßnahmen und die Optimierung des Filterwirkungsgrades.
Es sollte deswegen in dieser Arbeit in erster Linie untersucht werden, ob beim Wachsen des Staubwiderstandes über die kritische Grenze mit dem Einsatz des Rücksprühens im elektrischen Entladungsstrom charakteristische Kennzeichen auftreten, die dann als Indikator für den Einsatz des Rücksprühens verwendet werden könnten.

2. Das Rücksprühen

W. Simm [1] hat gezeigt, daß das Rücksprühen in einem Filter dann eintritt, wenn die elektrische Feldstärke infolge des Stromdurchganges durch die auf der Niederschlagselektrode liegende Staubschicht so groß wird, daß ein elektrischer Durchschlag der Staubschicht eintritt. Die Einsatzbedingung für das Rücksprühen lautet:

$$\varrho \cdot s \geqq E_k$$

E_k = Durchbruchfeldstärke des Gases [V/cm]
ϱ = spez. Staubwiderstand [Ωcm]
s = Stromdichte [A/cm^2]

Man beobachtet beim Rücksprühen mit bloßem Auge leuchtende Punkte auf der Staubschicht, die als Ionisationszentren anzusehen sind. Die Abb. 1 zeigt Rücksprüherscheinungen, die von uns an einer Versuchsanlage (Spitze–Platte) beobachtet wurden.

Der Einsatz des Rücksprühens konnte bisher mit zwei Methoden erkannt werden:

a) Durch visuelle Beobachtung des abgeschiedenen Staubes. Das Auftreten der leuchtenden Ionisationszentren (s. Abb. 1) ist dabei Indikator für den Einsatz des Rücksprühens.
b) Durch Ausmessen der Strom-Spannungskennlinien des Filters.

Vergleicht man die Kennlinien eines Filters einerseits mit blanken und andererseits mit staubbedeckten Abscheideelektroden, so findet man, wenn im staubbedeckten Filter Rücksprühen eintrat, etwa die in Abb. 2 dargestellten Kurven, wobei der Schnittpunkt der Kurven ungefähr den Einsatzpunkt des Rücksprühens markiert. Insbesondere bei dicken Staubschichten kann es jedoch sein, daß trotz starken Rücksprühens keine Überschneidung auftritt.
Bei sehr dünnen Staubschichten hat die Kennlinie in der Nähe des Rücksprüheinsatzpunktes einen scharfen Knick, der als Erkennungsmerkmal dienen kann (s. Abb. 3).
Trägt man die Kennlinien aus Abb. 2 in doppelt logarithmischem Maßstab auf, so erhält man Geraden wie etwa in Abb. 4. Der Knick in der Kennlinie bei mit Staub bedeckten Abscheideelektroden markiert näherungsweise den Einsatzpunkt des Rücksprühens.
Der Nachteil aller dieser Methoden besteht neben der Ungenauigkeit in der Bestimmung des genauen Rücksprüh-Einsatzpunktes besonders darin, daß sie sich

schwer oder gar nicht als Grundlage einer automatischen Anzeige für den Einsatz und das Bestehen des Rücksprühens verwenden lassen.

Unsere im folgenden beschriebenen Versuche zeigen, daß es möglich ist, das Rücksprühen auch mit Hilfe charakteristischer Impulse, die im Entladungsstrom in Verbindung mit dem Rücksprühen auftreten, zu erkennen. Diese Erkennungsmethode hat gegenüber den bisher bekannten besonders den Vorteil, daß sie sich für eine automatische Anzeige verwenden läßt, woraus sich auch die Möglichkeit zu einer automatischen Regelung des Filters ergibt.

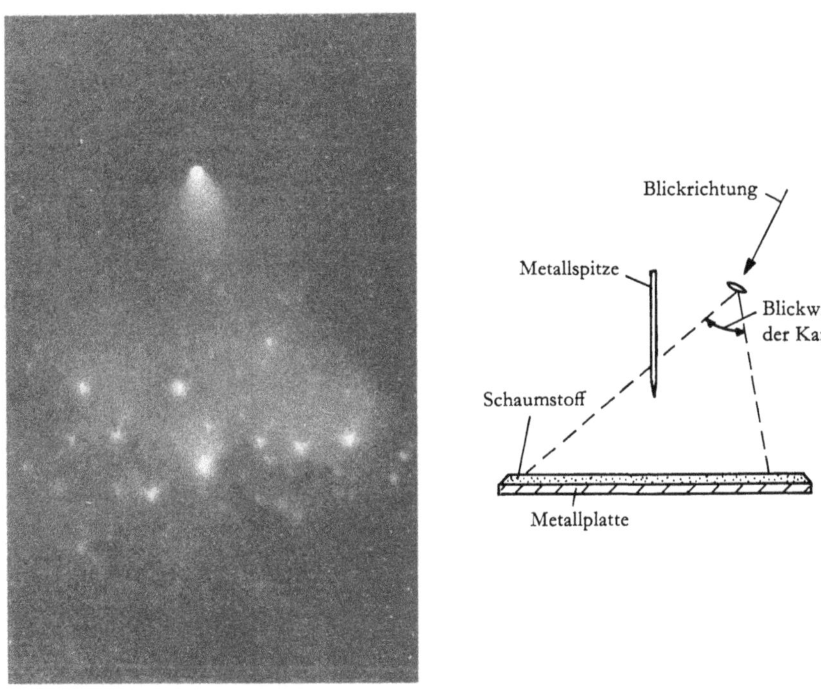

Abb. 1 Rücksprühen an einer Schaumstoffschicht mit einem spez. Widerstand von $\rho = 2 \cdot 10^{12}$ Ωcm und einer Dicke von 4 mm
Rechts: Skizze zur Verdeutlichung der Aufnahme

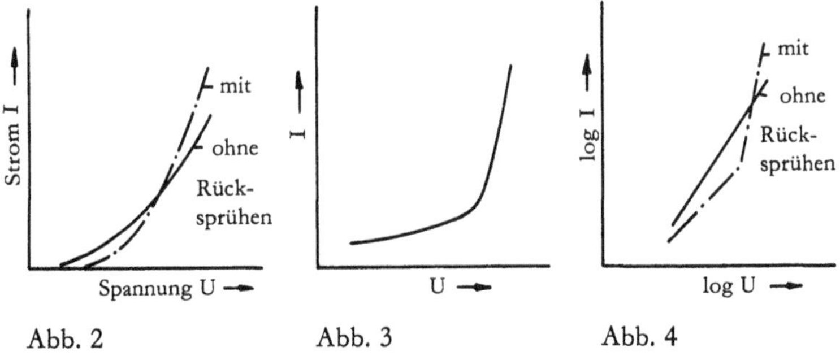

Abb. 2 Abb. 3 Abb. 4

3. Versuchsapparatur

Es standen zwei Koronaentladungsstrecken (Modellfilter) zur Verfügung:

1. Anordnung Spitze–Platte, 40 cm Plattendurchmesser, variabler Abstand zwischen Spitze und Platte, auswechselbare Spitze.
2. Ein zylinderförmiges Filter mit koaxialer, auswechselbarer Sprühelektrode und rechteckigem Querschnitt, bei einer Niederschlagsfläche von etwa 1 m^2.

Zum Nachweis der elektrischen Impulse diente ein Kathodenstrahloszillograph mit einer Horizontalablenkung bis zu 0,1 μs/cm. Ein Photovorsatz stand zur Verfügung.
Die Hochspannung lieferte ein Regeltransformator mit Gleichrichter, mit einer nahezu stufenlosen Spannungseinstellung bis hinauf zu 100 kV und einer maximalen Belastbarkeit von 30 mA. Da in keinem Versuch mehr als $\approx$ 2 mA entnommen wurden, war die Welligkeit (Grundfrequenz 100 Hz) stets kleiner als 15%.
Strom und Spannung konnten bis auf etwa 5% genau gemessen werden.
Die elektrische Schaltung zur Beobachtung der im Entladungsstrom auftretenden Impulse zeigt Abb. 5, mit dem Schutzwiderstand (Wasserwiderstand) R_1, dem

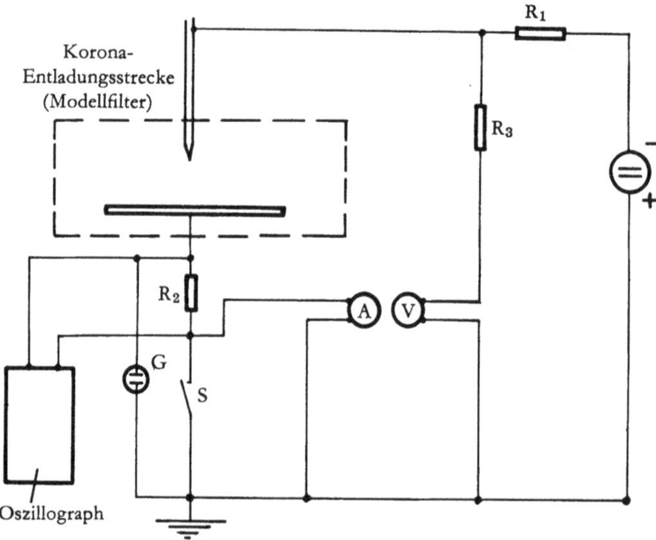

Abb. 5 Schaltbild der Versuchsapparatur

erdseitigen Widerstand R_2 zur Auskopplung der Impulse auf den Oszillographen, der Überspannungssicherung G und dem Schalter S zum kurzzeitigen Einschalten des Amperemeters. Bei zu starker Welligkeit (100 Hz) der an R_2 abfallenden Spannung mußte zur Separierung der kurzzeitigen Impulse ein elektrischer Hochpaß zwischen R_2 und den Oszillographen geschaltet werden.

4. Versuchsdurchführung und Ergebnisse

Einsatzspannung des Rücksprühens und Überschlagspannung

Es sollte hier untersucht werden, bei welchem spezifischen Widerstand des Staubes tatsächlich Rücksprühen einsetzt und wann ein Überschlag stattfindet. Dazu wurde Quarz-, Gips- und Zementstaub verwendet, und zwar in Verbindung mit der Anordnung Spitze–Platte, wobei die Staubschicht auf die horizontal liegende Platte aufgebracht wurde. Messungen der Rücksprüheinsatz- und der Überschlagspannung wurden bei verschiedenen Abständen Platte–Spitze und bei verschiedenen Schichtdicken des Staubes durchgeführt. Der spezifische Widerstand des Staubes konnte durch verschieden langes Trocknen variiert werden. Alle Versuche ergaben qualitativ die gleichen Verhältnisse, wofür Abb. 6 als repräsentatives Beispiel angeführt sei.

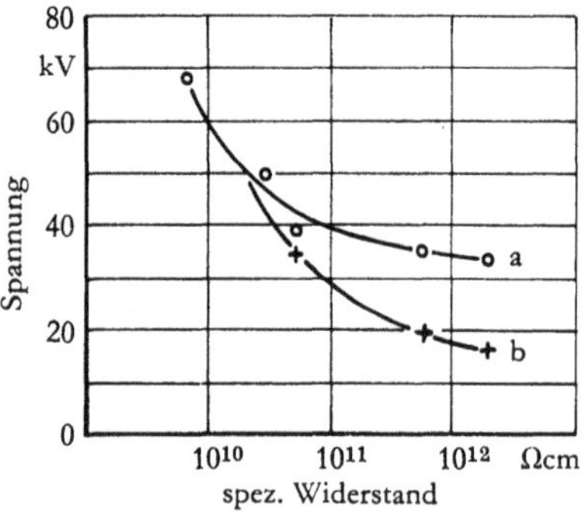

Abb. 6 Überschlagspannung (Kurve a) und Rücksprüheinsatzspannung (Kurve b) in Abhängigkeit des spezifischen Widerstandes von Gipsstaub an einer Anordnung Spitze–Platte (Abstand 5 cm)
Dicke der Staubschicht 3 mm

Der kritische Widerstandswert, oberhalb dessen stabiles Rücksprühen auftritt, lag bei allen Versuchen zwischen 10^{10} und 10^{11} Ωcm.

a) Messungen der Impulse

Es war bereits bekannt, daß bei der negativen und positiven Koronaentladung kurzzeitige Impulse einer Dauer von etwa 0,5 μs im Entladungsstrom auftreten. Die Impulse der positiven Korona haben eine 10- bis 100mal größere Amplitude

als diejenigen der negativen. Da bei der meist in Elektrofiltern verwendeten negativen Polung der Ausströmelektroden das Rücksprühen im Sinne der Ladungsträgerbildung einer positiven Korona entspricht, konnte man vermuten, daß mit dem Einsatz des Rücksprühens die für die positive Korona charakteristischen Impulse im Entladungsstrom auftreten. Dies wurde durch vielfältige Messungen unter variierten Bedingungen bestätigt.
Die bei der negativen Korona auftretenden kleineren Impulse wurden von G. W. TRICHEL [2] entdeckt und nach ihm benannt. Die mit dem Rücksprühen verbundenen Impulse werden im folgenden als Rücksprühimpulse bezeichnet.

b) Messungen der TRICHEL-Impulse

Mit der in Abb. 5 gezeigten Anordnung wurden bei negativer Polung der Spitze die auftretenden Impulse (TRICHEL-Impulse) im Entladungsstrom bei Verwendung verschiedener Spitzen untersucht. Die Impulse von allen Spitzen hatten eine Dauer von etwa 0,4 μs; einen einzelnen Impuls zeigt Abb. 7, Folgen von mehreren Impulsen die Abb. 8 und 9. Die Höhe der TRICHEL-Impulse ist stark abhängig von der Form der Spitze und von der Spannung zwischen Spitze und Platte (s. Abb. 10). Die Impulshöhe wird um so größer, je größer der Krümmungsradius der Spitze ist.
Am zylinderförmigen Filter wurden äquivalente Messungen der TRICHEL-Impulse durchgeführt, deren Ergebnisse in Abb. 11 dargestellt sind. Auch hier haben die TRICHEL-Impulse bei größeren Krümmungsradien der Ausströmelektroden die größeren Impulshöhen. Die Impulse zeigen hier keine konstante Frequenz, sondern eine unregelmäßige Verteilung über der Zeit. Die Impulshöhen unterliegen unregelmäßigen Schwankungen; die in Abb. 11 angegebenen Impulshöhen beziehen sich auf die maximal auftretenden Amplituden.

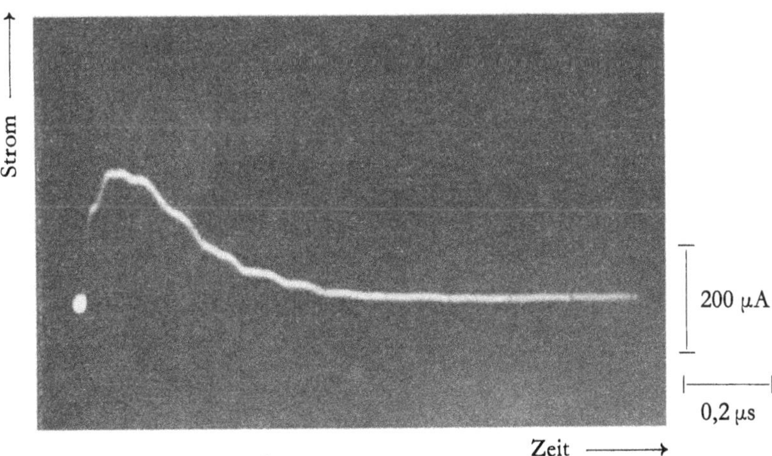

Abb. 7 Einzelner TRICHEL-Impuls
Anordnung: Spitze–Platte
Abstand 10 cm, Spannung 52 kV

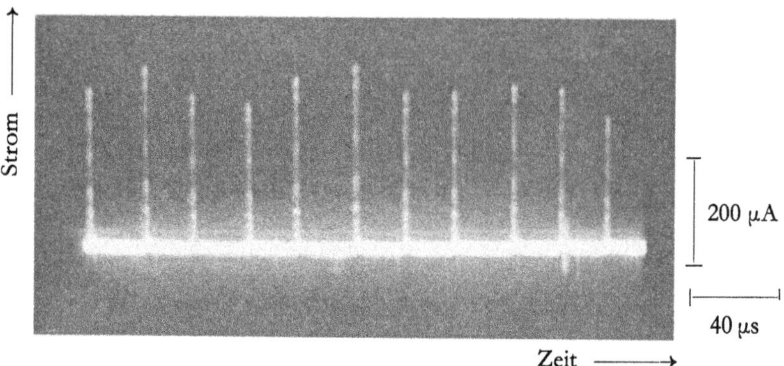

Abb. 8 Folge von TRICHEL-Impulsen
Anordnung: Spitze–Platte
Abstand 10 cm, Spannung 20 kV

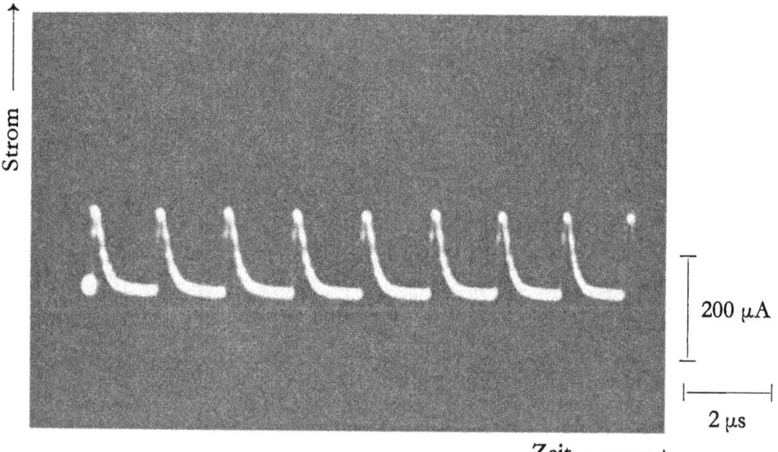

Abb. 9 Folge von TRICHEL-Impulsen
Anordnung: Spitze–Platte
Abstand 10 cm, Spannung 52 kV

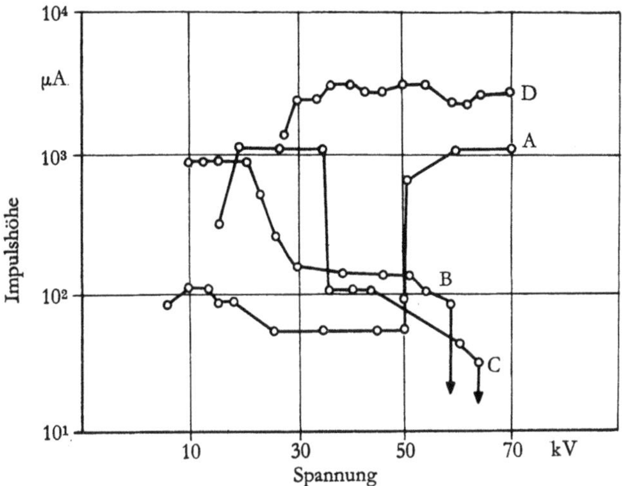

Abb. 10 Trichel-Impulse von verschiedenen Spitzen bei einer Anordnung Spitze–Platte
Abstand 10 cm
A: Nähnadelspitze
B: 1 mm Cu-Draht, spitz gefeilt
C: 5 mm Ms-Draht, spitz gefeilt
D: 5 mm Ms-Draht, abgerundet

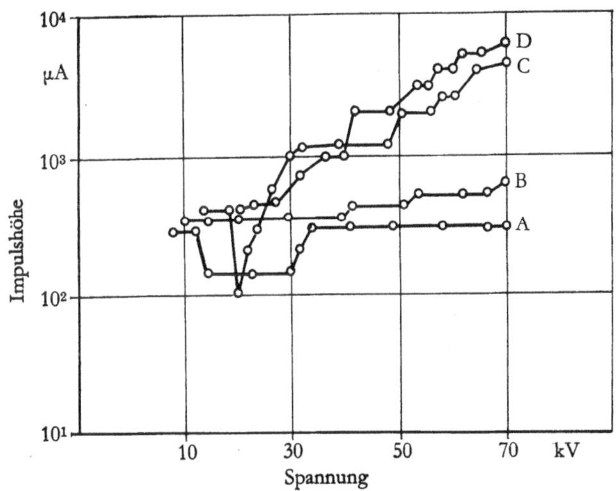

Abb. 11 Trichel-Impulse von verschiedenen Ausströmelektroden im zylindrischen Filter
A: Stacheldraht
B: Kreuzdraht
C: 1 mm Runddraht
D: 5 mm Runddraht

c) Messungen der Rücksprühimpulse

Mit der in Abb. 5 gezeigten Anordnung wurden bei negativer Polung der Spitze die mit dem Rücksprühen verbundenen Impulse untersucht. Schon die ersten Vorversuche zeigten, daß die erwarteten relativ großen Impulse auftreten. Eine Versuchsserie sollte klären, ob diese Impulse schon beim Einsatz des Rücksprühens auftreten und wie ihre Form und Größe vom Abstand zwischen Spitze und Platte, der Dicke der schlecht leitenden Schicht und dem Entladungsstrom abhängen. Dazu wurden diese Impulse bei Abständen zwischen Spitze und Platte von 5, 10 und 15 cm gemessen. Als schlecht leitende Schicht wurde Schaumstoff (spez. Widerstand $= 4 \cdot 10^{12}\ \Omega \cdot \text{cm}$) gewählt.
Es wurden die drei Schichtdicken 4, 8 und 12 mm untersucht. Der Einsatz des Rücksprühens wurde mit verschiedenen Erkennungskriterien bestimmt:

a) visuelle Beobachtung der ersten Glimmentladung in der Schaumstoffschicht,
b) starke Krümmung in der linear aufgetragenen Strom-Spannungscharakteristik,
c) Knick in der doppelt logarithmisch aufgetragenen Strom-Spannungscharakteristik.

Einige der Meßergebnisse sind in Abb. 12 gezeigt. Hier sind die Strom-Spannungscharakteristiken in linearem und doppelt logarithmischem Maßstab aufgetragen, ferner die Impulshöhen der TRICHEL- und Rücksprühimpulse in Abhängigkeit von der an den Elektroden liegenden Spannung. In den Charakteristiken sind die visuell ermittelten Einsatzpunkte des Rücksprühens mit einem Kreuz und einem Pfeil markiert.
Aus den linear aufgetragenen Charakteristiken war der Einsatzpunkt des Rücksprühens nicht genau bestimmbar, weil keine sehr ausgeprägten Krümmungsänderungen auftraten. In der doppelt logarithmischen Darstellung findet man in allen Fällen einen stark ausgeprägten Knick, der in allen Fällen näherungsweise mit dem optisch ermittelten Einsatzpunkt des Rücksprühens übereinstimmt.
Bei allen Messungen traten 1–2 kV unter der optisch ermittelten Einsatzspannung des Rücksprühens zusätzlich zu den TRICHEL-Impulsen Rücksprühimpulse im Entladungsstrom auf. Diese haben eine unregelmäßige Verteilung über der Zeit; ihre Amplitude unterliegt ebenfalls unregelmäßigen Schwankungen. Die Rücksprühimpulse sind im oszillographischen Bild leicht von den kleineren TRICHEL-Impulsen zu unterscheiden. Die in Abb. 12c angegebene Impulshöhe gibt diejenige maximale Amplitude an, über der noch etwa fünf Impulse pro Minute auftreten. Schichtdicke der schlecht leitenden Schicht und Abstand zwischen Spitze und Platte haben keinen Einfluß auf die zeitliche Ausdehnung der Rücksprühimpulse. Die Impulsdauer beträgt etwa 0,5 μs.
Die Abhängigkeit der Höhe der Rücksprühimpulse vom Entladungsstrom und von der Dicke der schlecht leitenden Schicht zeigt Abb. 13.
Einen einzelnen Rücksprühimpuls zeigt Abb. 14.
Einige kV unter der Überschlagspannung traten bei allen Versuchen mit rücksprühenden Schichten »Doppelimpulse« auf. Kurz vor Beendigung eines Rück-

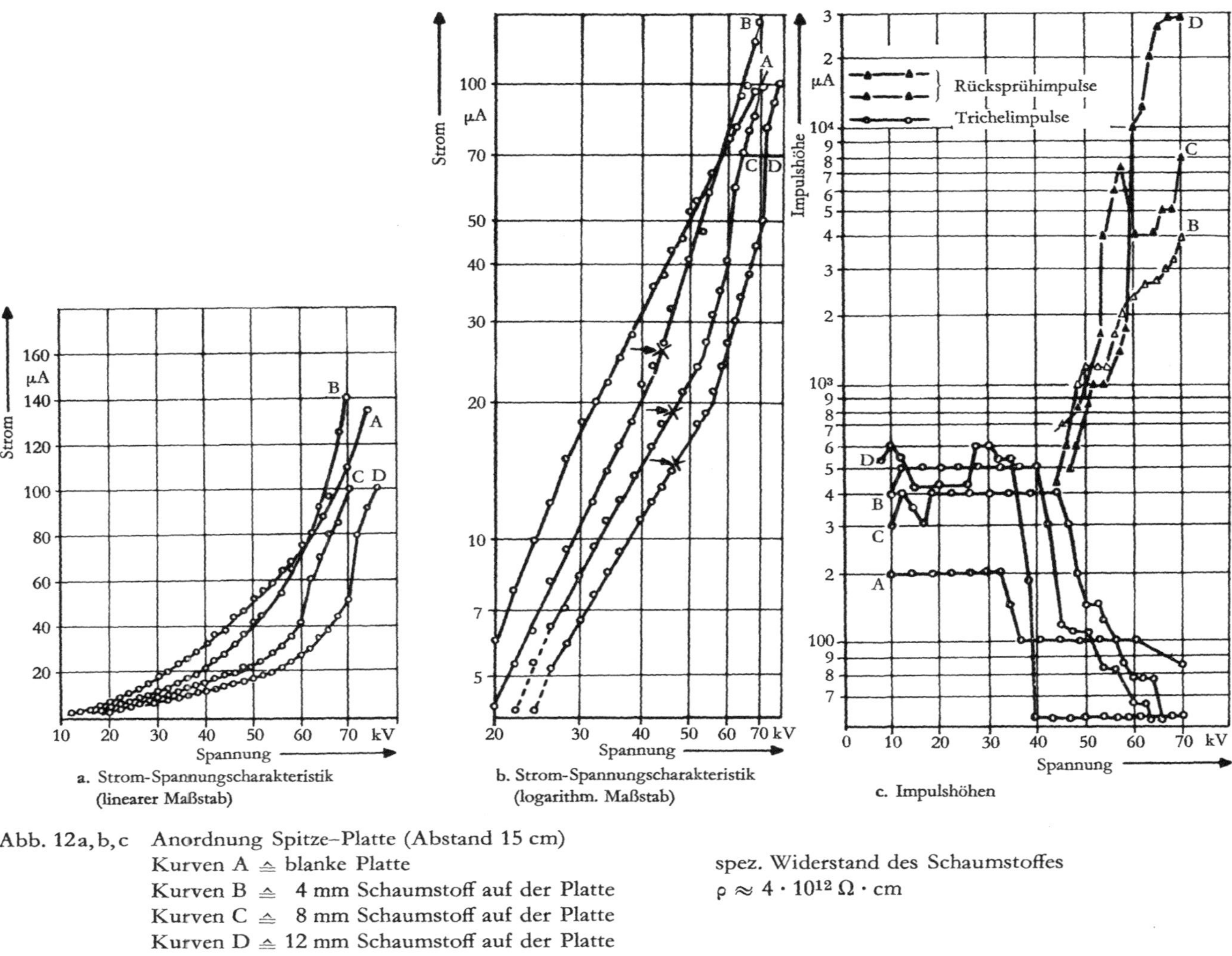

Abb. 12a, b, c Anordnung Spitze–Platte (Abstand 15 cm)
Kurven A ≙ blanke Platte
Kurven B ≙ 4 mm Schaumstoff auf der Platte
Kurven C ≙ 8 mm Schaumstoff auf der Platte
Kurven D ≙ 12 mm Schaumstoff auf der Platte

spez. Widerstand des Schaumstoffes
$\rho \approx 4 \cdot 10^{12}\,\Omega \cdot \mathrm{cm}$

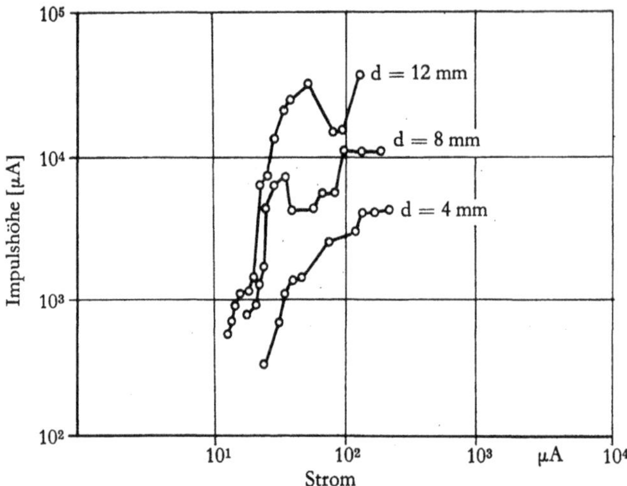

Abb. 13 Höhe der Rücksprühimpulse in Abhängigkeit vom Koronastrom bei einer Anordnung Spitze–Platte
Abstand 15 cm; d = Dicke der Schaumstoffschicht

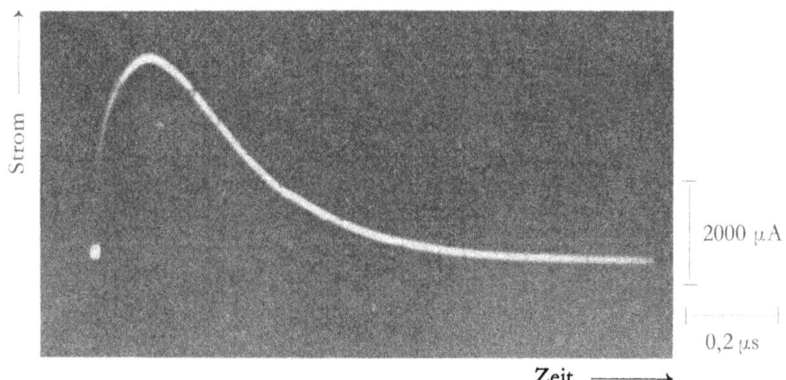

Abb. 14 Einzelner Rücksprühimpuls
Anordnung Spitze–Platte
Abstand 10 cm; Schaumstoffschicht 4 mm
mit spez. Widerstand $3 \cdot 10^{12}\,\Omega \cdot$ cm; Spannung 46 kV

sprühimpulses erfolgt dabei eine neuerliche steile Zunahme des Stromes, und ein zweiter Impuls folgt. Der zweite Impuls wird bei einer Spannung kurz unter der Überschlagspannung bis zu dreimal so groß wie der erste Impuls, während er bei geringerer Spannung auch kleiner als der erste Impuls sein kann. Der zweite Impuls ähnelt mit seinen kleinen Schwankungen der Form der TRICHEL-Impulse. Einen einzelnen Doppelimpuls zeigt Abb. 15.

Rücksprühimpulse konnten bei der Anordnung Spitze–Platte auch bei der Verwendung von Quarz-, Gips- und Zementstaub für die schlecht leitende Schicht gefunden werden. In allen Fällen traten schon kurz vor dem optischen Einsatz

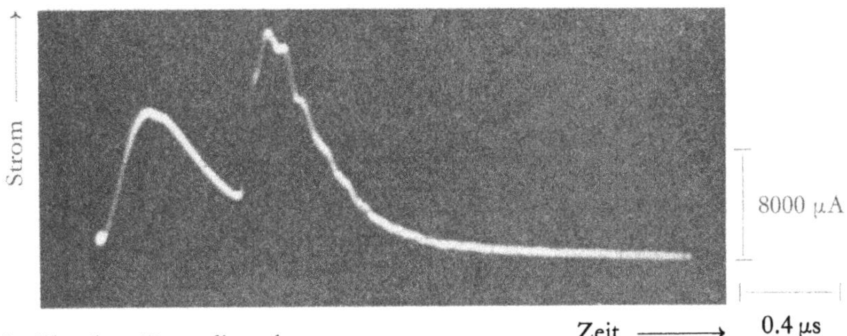

Abb. 15 Einzelner Doppelimpuls
Anordnung Spitze–Platte
Abstand 10 cm; Quarzschicht 3 mm
mit spez. Widerstand $10^{13}\,\Omega \cdot \mathrm{cm}$; Spannung 58 kV
Überschlagspannung 59 kV

des Rücksprühens vereinzelte Rücksprühimpulse auf. Ihre Höhe und Häufigkeit vergrößerten sich stark mit zunehmender Spannung bzw. zunehmendem Entladungsstrom. Die Höhe der Rücksprühimpulse zeigte auch eine deutliche Zunahme mit größer werdender Staubschichtdicke.

Um festzustellen, wie sich Trichel- und Rücksprühimpulse im zylinderförmigen Filter voneinander unterscheiden, wurde eine Versuchsserie durchgeführt. Es wurden die Impulse gemessen, die man bei Verwendung verschiedener Ausströmelektroden und Auflegen von Schaumstoffschichten verschiedener Dicke und verschiedenen spezifischen Widerstandes erhält. Eine Meßserie ist in Abb. 16 aufgetragen. Es wurde wie bei den Versuchen bei der Anordnung Spitze–Platte die Strom-Spannungscharakteristik aufgenommen und in linearem und doppelt logarithmischem Maßstab aufgetragen. Der sichtbare Einsatz des Rücksprühens wurde wieder durch ein Kreuz und einen Pfeil markiert. Auch hier läßt sich in der linear aufgetragenen Charakteristik kein deutlicher Bereich starker Krümmungsänderung erkennen, während bei doppelt logarithmischer Auftragung ein deutlicher Knick hervortritt, der jeweils mit einem Dreieck markiert ist. Bei allen Messungen lag die optisch ermittelte Einsatzspannung 2–12 kV tiefer als diejenige Spannung, die der Knickpunkt der logarithmischen Auftragung liefert. In Abb. 16c sind wieder die Impulshöhen der Trichel- und Rücksprühimpulse über der Spannung aufgetragen.

In der Nähe der Überschlagspannung wurden die Rücksprühimpulse in allen Fällen größer als die Trichel-Impulse und erreichten maximale Höhen von 30000 µA. In der Nähe der Einsatzspannung des Rücksprühens konnten insbesondere bei der Runddrahtelektrode und bei hohem spezifischem Widerstand des Schaumstoffes Trichel- und Rücksprühimpulse nicht voneinander unterschieden werden.

In dem zylinderförmigen Filter wurden außerdem Gips- und Zementstaub elektrisch abgeschieden; dazu wurde ein Kreuzdraht, ein Stacheldraht oder ein Runddraht als Ausströmelektrode verwendet. Die Beschickung mit Staub erfolgte durch die obere Filteröffnung. Die Staubteilchen fielen infolge der Schwerkraft

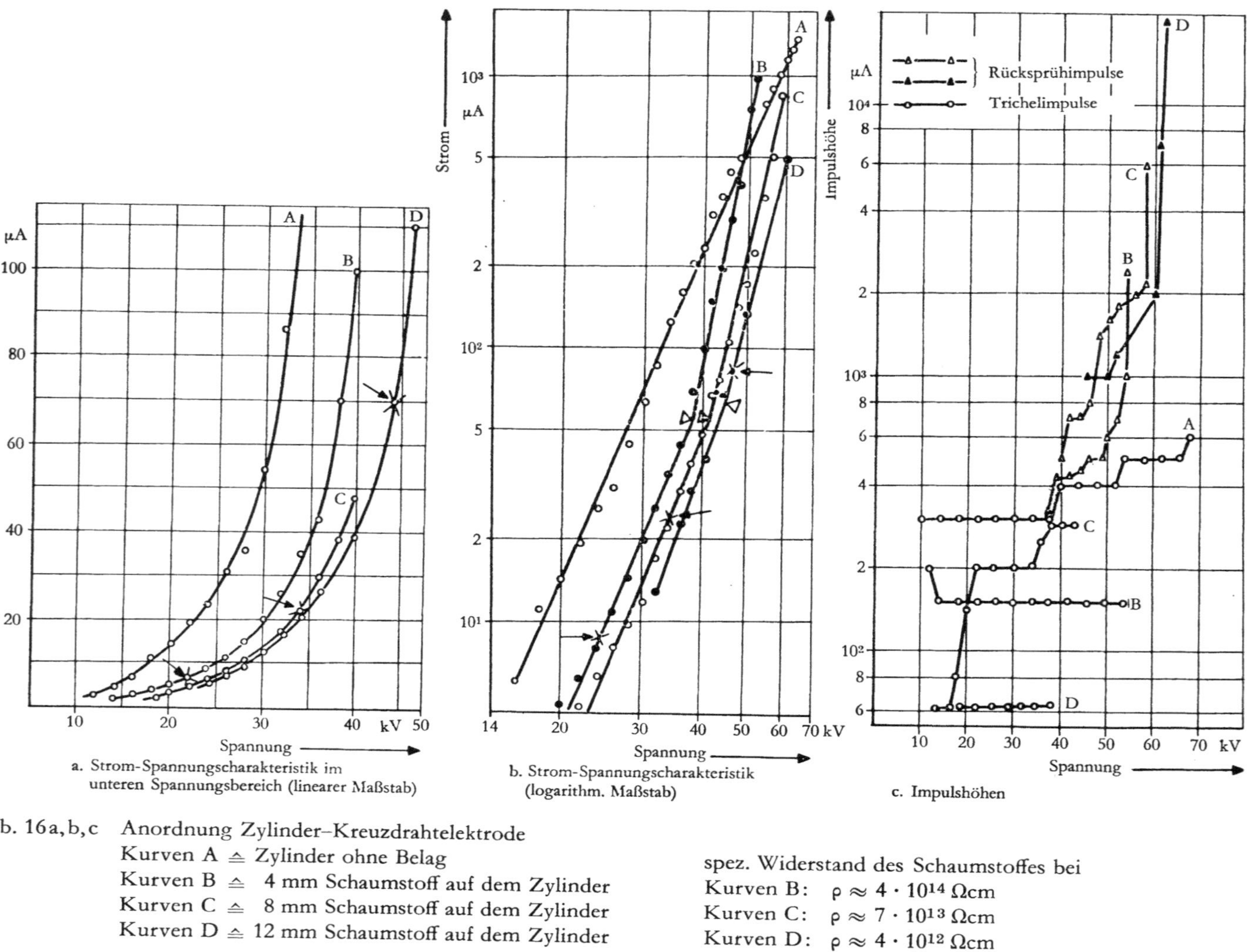

a. Strom-Spannungscharakteristik im unteren Spannungsbereich (linearer Maßstab)

b. Strom-Spannungscharakteristik (logarithm. Maßstab)

c. Impulshöhen

Abb. 16a, b, c Anordnung Zylinder–Kreuzdrahtelektrode
Kurven A ≙ Zylinder ohne Belag
Kurven B ≙ 4 mm Schaumstoff auf dem Zylinder
Kurven C ≙ 8 mm Schaumstoff auf dem Zylinder
Kurven D ≙ 12 mm Schaumstoff auf dem Zylinder

spez. Widerstand des Schaumstoffes bei
Kurven B: $\rho \approx 4 \cdot 10^{14}\ \Omega cm$
Kurven C: $\rho \approx 7 \cdot 10^{13}\ \Omega cm$
Kurven D: $\rho \approx 4 \cdot 10^{12}\ \Omega cm$

in das Filter hinein und wurden hier elektrisch abgeschieden. Es wurden Schichten von 1 bis 2 mm Dicke hergestellt. Die Stäube hatten einen spez. Widerstand von 10^{13} Ωcm, der durch vorheriges Erhitzen des Staubes eingestellt wurde. Während und direkt nach der Abscheidung konnten bei allen Versuchen ausgeprägte Rücksprühimpulse registriert werden, die sich durch ihre größere Impulshöhe von den TRICHEL-Impulsen unterschieden. Dieser Unterschied war wieder besonders ausgeprägt in der Nähe der Überschlagspannung. Systematische Versuche zur Messung der Impulshöhen in Abhängigkeit von der Spannung konnten mit Zement- und Gipsstaub nicht durchgeführt werden, weil sich der Widerstand der Staubschicht während einer Minute oft um mehrere Zehnerpotenzen verringerte. Bei allen Versuchen, sowohl an der Anordnung Spitze–Platte als auch in dem zylinderförmigen Filter, wurde beobachtet, daß das Rücksprühen von einem deutlich hörbaren Knistern begleitet wird. Das Knistern setzte jeweils schon 1–2 kV unter derjenigen Spannung ein, bei der die ersten Glimmpunkte in der schlecht leitenden Schicht beobachtet werden konnten. Gleichzeitig mit dem ersten Knistern setzten auch die ersten Rücksprühimpulse ein. Wurde die Spannung so eingestellt, daß im oszillographischen Bild nur ganz wenige Impulse – etwa einer pro Sekunde – auftraten, dann hörte man jeweils ein kurzes Geräusch, wenn auf dem Oszillographen auch ein Impuls zu sehen war.

5. Elektronisches Nachweisgerät für das Rücksprühen

Es wurde ein Gerät entwickelt, das in der Schaltung der Abb. 5 parallel zum Oszillographen angeschlossen wurde und eine Anzeigelampe zum Aufleuchten brachte, wenn auftretende kurzzeitige Impulse im Entladungsstrom eine gewisse Mindestamplitude überschritten, d. h. wenn die relativ großen Rücksprühimpulse auftraten. Das Gerät, bestehend aus Diskriminator, Impulsformer und Integrator, arbeitete zufriedenstellend. Es sollte damit gezeigt werden, daß der Unterschied der Amplituden zwischen TRICHEL- und Rücksprühimpulsen so ausgeprägt ist, daß er zur automatischen Identifizierung des Rücksprühens ausgenutzt werden kann.

6. Diskussion der Versuchsergebnisse

Überschlagspannung und Rücksprüheinsatzspannung

Die in Abb. 6 dargestellte Kurve der Überschlagspannung $U_ü$ und der Einsatzspannung des Rücksprühens U_r in Abhängigkeit vom spezifischen Widerstand der Staubschicht zeigt, daß unterhalb eines kritischen Widerstandes ϱ_k kein Rücksprühen auftreten kann, da vorher schon ein Überschlag stattfindet. Die Überschlagspannung wird jedoch auch unterhalb dieses kritischen Wertes von ϱ noch stark beeinflußt, und zwar steigt sie mit sinkendem ϱ. Dieses Verhalten kann so erklärt werden, daß für $\varrho < \varrho_k$ die Spannung $U_ü$ und U_r zusammenfallen; der Überschlag wird dann beim Einsatz des Rücksprühens durch die dabei zusätzlich auftretende Ionisation sofort ausgelöst. Bei $\varrho > \varrho_k$, wo das Rücksprühen schon bei geringeren Spannungen und Entladungsströmen einsetzt, reicht die elektrische Feldstärke in der Entladungsstrecke nicht aus, um beim Einsatz des Rücksprühens sofort einen Überschlag zu ermöglichen.

a) TRICHEL-Impulse

Die Höhe der TRICHEL-Impulse zeigt um so kleinere Werte, je kleiner der Krümmungsradius der Ausströmelektrode ist.
Eine quantitative Berechnung der TRICHEL-Impulse wurde bisher noch nicht durchgeführt, da dabei erhebliche Schwierigkeiten auftreten. Eine quantitative Deutung der Abhängigkeit der Impulshöhen vom Krümmungsradius der Ausströmelektrode lag deshalb auch nicht im Rahmen dieser Arbeit.
Die TRICHEL-Impulse zeigten im zylinderförmigen Filter im Gegensatz zur Anordnung Spitze–Platte eine unregelmäßige Verteilung über der Zeit. Die Erklärung dafür ist, daß sich die von den einzelnen Sprühpunkten erzeugten regelmäßigen Impulsfolgen im Entladungsstrom überlagern und so insgesamt die unregelmäßige Impulsfolge erzeugen.
Die TRICHEL-Impulse wurden an den verschiedenen Modellfiltern gemessen, weil sie in einem rücksprühenden Filter stets zusätzlich zu den Rücksprühimpulsen auftreten, und die Antwort auf die Kernfrage dieser Arbeit, ob das Rücksprühen in einem Filter sicher an den Rücksprühimpulsen erkannt werden kann, davon abhängt, wie groß der Unterschied zwischen Rücksprüh- und TRICHEL-Impulsen ist.

b) Rücksprühimpulse

Bisher war nur das Auftreten von kurzzeitigen Impulsen bei der negativen und positiven Koronaentladung bekannt. Nach den in dieser Arbeit beschriebenen Versuchen kann nunmehr festgestellt werden, daß mit dem positiven Rücksprühen ebenfalls kurzzeitige Stromimpulse auftreten, die als Rücksprühimpulse bezeichnet werden. Die Dauer der Rücksprühimpulse beträgt etwa 0,5 µs, die Dauer der Trichel-Impulse etwa 0,4 µs. Dieser Unterschied zwischen Trichel- und Rücksprühimpulsen ist so klein, daß die Impulsdauer nicht als sicheres Unterscheidungsmerkmal zwischen den beiden Impulsarten verwendet werden kann. Demgegenüber zeigen die Rücksprühimpulse eine Impulshöhe, die diejenige der Trichel-Impulse um ein Vielfaches übersteigen kann. Der Unterschied wird um so ausgeprägter, je näher die angelegte Spannung an der Überschlagspannung liegt, je dicker die schlecht leitende Schicht und je scharfkantiger die mit der negativen Korona behaftete Ausströmelektrode ist.

Das Entstehen der Rücksprühimpulse kann auf einen plötzlichen Durchschlag in der schlecht leitenden Schicht zurückgeführt werden. Wie die photographischen Aufnahmen des Rücksprühens zeigen, ist das mit dem Rücksprühen verbundene Leuchten insbesondere in der Nähe der Überschlagspannung auch außerhalb der rücksprühenden Schicht zu beobachten. Einzelne besonders helle Streifen sind deutlich sichtbar. Dieses Leuchten des Gases beim Rücksprühen zeigt denselben bläulichen Schimmer, den man auch bei der positiven Koronaentladung beobachten kann. Von Loeb [3] werden die in der positiven Korona auftretenden Streamer als Ursache für das Leuchten angesehen; es soll entstehen, wenn die starke positive Raumladung in einem Streamerkanal auseinanderfliegt und mit negativen Ionen rekombiniert.

Sowohl das beim positiven Rücksprühen auftretende Leuchten und die hellen Streifen, die die photographischen Aufnahmen zeigen, als auch die Form der Rücksprühimpulse, die derjenigen der Streamer von der positiven Korona gleicht, deuten darauf hin, daß auch beim Rücksprühen Streamer von der schlecht leitenden Schicht zur Ausströmelektrode hin verlaufen. Beim Überschlag in der schlecht leitenden Schicht wird dabei eine räumlich eng begrenzte, aber starke Raumladung erzeugt, in deren starkem elektrischen Feld der Start eines Streamers erfolgen kann. Die Rücksprühimpulse lassen sich also als positive Streamer deuten, die von einem Überschlag in der schlecht leitenden Schicht ausgelöst werden.

Die Höhe der Rücksprühimpulse nimmt, konstanten Entladungsstrom vorausgesetzt, mit wachsender Dicke der schlecht leitenden Schicht zu (s. Abb. 13). Dieses Verhalten kann darauf zurückgeführt werden, daß mit größer werdender Schichtdicke ein einzelner Überschlag in der Schicht eine größere Potentialdifferenz auf einem längeren Weg überbrücken muß, was zu einer Verstärkung des Überschlags und der dabei gebildeten positiven Raumladung führt. Die stärkere positive Raumladung bietet für den nachfolgenden Streamer wiederum eine günstigere Ausgangsbedingung. Die Vergrößerung der Rücksprühimpulse wird demnach durch eine Verstärkung des Überschlags in der schlecht leitenden Schicht und von dem mit ihm verbundenen stärkeren Streamer bewirkt.

7. Anwendungsmöglichkeiten der Rücksprühimpulse als Indikator für das Vorhandensein von Rücksprüherscheinungen

a) An Versuchsfiltern

Bei der Verwendung von scharfkantigen Ausströmelektroden kann die Rücksprüheinsatzspannung bzw. die Einsatzstromdichte leicht mit Hilfe der Rücksprühimpulse erkannt werden. Der Vorteil dieser Methode gegenüber dem optisch ermittelten Einsatzpunkt besteht darin, daß die Entladungsstrecke in einem verschlossenen, nicht einsehbaren Raum liegen kann und daß das Rücksprühen schon erkannt wird, wenn noch keine sichtbare Glimmladung beobachtbar ist. Der Vorteil gegenüber der Methode, die markante Punkte in der Strom-Spannungscharakteristik benutzt, besteht ebenfalls in dem frühzeitigen Erkennen und darin, daß keine ganze Meßreihe erforderlich ist, die erst nach graphischer Auftragung eine Aussage liefert.

b) An industriellen Filtern

Ob bei industriellen Großfiltern die Rücksprühimpulse ebenfalls als Indikator für das Rücksprühen verwendet werden können, hängt davon ab, ob sich auch hier Trichel- und Rücksprühimpulse genügend stark voneinander unterscheiden. Messungen an Großfiltern konnten im Rahmen dieser Arbeit nicht durchgeführt werden. Allerdings scheint es doch sehr wahrscheinlich zu sein, daß die Verhältnisse bezüglich der Impulshöhen bei Großfiltern ähnlich wie bei den untersuchten Modellfiltern liegen. Wenn wegen der speziellen Form der Ausströmelektroden relativ große Trichel-Impulse auftreten, wird es nicht möglich sein, das Rücksprühen schon bei seinem Einsatz zu erkennen. Jedoch kann man dann in der Nähe der Überschlagspannung und insbesondere bei Dicken der niedergeschlagenen Staubschicht von einigen Millimetern die Rücksprühimpulse als Indikator für das Vorhandensein des Rücksprühens verwenden. Es wäre mit Hilfe der in (5) erwähnten Schaltung möglich, eine selbständige Regelung des Filters so vorzunehmen, daß der schädliche Einfluß des Rücksprühens weitgehend vermieden wird. Der folgende Fall sei als Beispiel angeführt: In einem Filter vergrößere sich der spezifische Staubwiderstand durch Änderung seiner chemischen oder physikalischen Zusammensetzung oder durch Verringerung des Wassergehaltes des Trägergases so, daß unerwünschte Rücksprüherscheinungen auftreten. Von der angeschlossenen Regeleinrichtung würde nun das Rücksprühen erkannt und z. B. eine Eindüsung von Wasser in das zu reinigende Gas bewirkt. Dadurch würde der spezifische Widerstand des Staubes gesenkt und das Rücksprühen vermieden.

8. Zusammenfassung

An einer Anordnung Spitze–Platte wurde der Einfluß des spezifischen Widerstandes einer auf der Platte befindlichen Staubschicht auf die Überschlagspannung und die Rücksprüheinsatzspannung untersucht. Es zeigt sich, daß das Rücksprühen bei spezifischen Widerständen kleiner als etwa $5 \cdot 10^{10}\ \Omega \cdot \text{cm}$ nicht auftreten kann, daß jedoch die Überschlagspannung auch unterhalb dieses Wertes noch stark von dem spezifischen Staubwiderstand beeinflußt wird. Oberhalb von etwa $10^{11}\ \Omega \cdot \text{cm}$ kann sicher mit Rücksprühen gerechnet werden.

Die im Entladungsstrom eines Modellfilters auftretenden kurzzeitigen Impulse wurden untersucht. Es wurde gefunden, daß bei negativer Koronaentladung mit dem Einsatz des positiven Rücksprühens im Entladungsstrom bisher noch nicht bekannte zusätzliche Impulse (Rücksprühimpulse) auftreten, die sich durch ihre größere Amplitude von den sonstigen im Entladungsstrom beobachtbaren kurzzeitigen Impulsen (TRICHEL-Impulsen) unterscheiden. Dieser Unterschied wird besonders ausgeprägt bei Verwendung von scharfkantigen Ausströmelektroden und in der Nähe der Überschlagspannung des Filters.

Die Rücksprühimpulse können als Streamer, ausgelöst von einem in der Staubschicht stattfindenden Überschlag, gedeutet werden.

Es kann als sicher angesehen werden, daß die Rücksprühimpulse an kleineren Versuchsfiltern als leicht zu handhabender Indikator für den Einsatz und das Bestehen des Rücksprühens verwendet werden können. Es ist wahrscheinlich, daß auch bei industriellen Großfiltern ein genügend großer Unterschied zwischen TRICHEL- und Rücksprühimpulsen auftritt, woraus sich dann die Möglichkeit ergäbe, bei solchen Filtern die Rücksprühimpulse als Signal für eine automatisch arbeitende Regeleinrichtung zu verwenden, und zwar derart, daß das Rücksprühen mit seinem schädlichen Einfluß auf die Wirksamkeit eines Filters weitgehend vermieden würde.

Besonderen Dank möchte ich Herrn Prof. Dr.-Ing. S. KIESSKALT aussprechen, an dessen Institut und unter dessen Leitung ich die vorliegende Arbeit durchführen durfte.

Herr Dr. rer. nat. J. HIBY hat mir durch seine stete Bereitschaft zur Diskussion geholfen, mit den Problemen der Elektrofilter vertraut zu werden. Darüber hinaus verdanke ich ihm wesentliche Anregungen zur Durchführung der experimentellen Untersuchungen. Herrn Dipl.-Ing. O. GÜPNER von der Lurgi Apparatebau GmbH bin ich dankbar für seine Beratung, die wesentlich zur Wahl des speziellen Themas beitrug.

Dipl.-Phys. P. WINTERHAGER

9. Literaturverzeichnis

[1] SIMM, W., Chem. Ing. Techn. 31 (1959), 43.
[2] TRICHEL, G. W., Phys. Rev. 54 (1938), 1078.
[3] LOEB, L. B., J. appl. Phys. 19 (1948), 882.

FORSCHUNGSBERICHTE DES LANDES NORDRHEIN-WESTFALEN

Herausgegeben im Auftrage des Ministerpräsidenten Dr. Franz Meyers vom Landesamt für Forschung, Düsseldorf

LUFTREINHALTUNG

HEFT 33
Kohlenstoffbiologische Forschungsstation e. V., Essen
Eine Methode zur Bestimmung von Schwefeldioxyd und Schwefelwasserstoff in Rauchgasen und in der Atmosphäre
1953. 23 Seiten, 8 Abb., 3 Tabellen. DM 6,50

HEFT 380
Dipl.-Phys. Rüdiger Trappenberg, Meteorologisches Institut der Technischen Hochschule Karlsruhe
Theoretische und experimentelle Untersuchungen zur Staubverteilung einer Rauchfahne
1957. 52 Seiten, 7 Abb., 18 Tabellen. DM 14,90

HEFT 502
Prof. Dr. Max Diem und Dr. Rüdiger Trappenberg, aus dem Meteorologischen Institut der Technischen Hochschule Karlsruhe
Berechnung der Ausbreitung von Staub und Gas
1957. 17 Seiten Text und 67 z. T. großformatige zweifarbige Diagramme. DM 37,30

HEFT 884
Dr. rer. nat. Hans van Haut und Dr. rer. nat. Dipl.-Chem. Heinrich Stratmann, Kohlenstoffbiologische Forschungsstation e. V., Essen
Experimentelle Untersuchungen über die Wirkung von Schwefeldioxyd auf die Vegetation
1960. 63 Seiten, 27 Abb., 1 Tabelle. DM 18,80

HEFT 1041
Dipl.-Ing. Paul Noss, Dipl.-Ing. Arno Schiller und Dr.-Ing. Peter Wiemer, Verein Deutscher Ingenieure, Fachgruppe Staubtechnik, Düsseldorf
Untersuchung an einem Meßgerät für die Staubgehaltsbestimmung in strömenden Gasen
1961. 24 Seiten, 5 Abb., 4 Tabellen. DM 10,20

HEFT 1118
Dr. agr. Robert Guderian und Dr. rer. nat. Dipl.-Chem. Heinrich Stratmann, Forschungsinstitut für Luftreinhaltung e. V., Essen
Freilandversuche zur Ermittlung von Schwefeldioxydwirkungen auf die Vegetation.
I. Teil: Übersicht zur Versuchsmethodik und Versuchsauswertung
1962. 102 Seiten, 28 Abb., 37 Tabellen. DM 67,—

HEFT 1139
Dr. phil. Alex Hoffmann und Prof. Dr. med. Joachim Wüstenberg, Hygiene-Institut des Ruhrgebiets zu Gelsenkirchen
Untersuchungen über den Anteil von Kohle und Eisen im Staubniederschlag innerhalb des mittleren Ruhrgebiets.
1963. 21 Seiten, zahlreiche Tabellen. DM 9,—

HEFT 1183
Prof. Dr.-Ing. Eduard Pestel, Institut für Mechanik der Technischen Hochschule Hannover, im Auftrage des Vereins Deutscher Ingenieure – Kommission Reinhaltung der Luft
Strömungstechnische Untersuchungen von Staubniederschlagmeßgeräten
1963. 56 Seiten, 52 Abb., 6 Tabellen. DM 29,—

HEFT 1184
Dr. rer. nat. Dipl.-Chem. Heinrich Stratmann, Forschungsinstitut für Luftreinhaltung e. V., Essen
Freilandversuche zur Ermittlung von Schwefeldioxydwirkungen auf die Vegetation. II. Teil: Messung und Bewertung der SO_2-Immissionen
1963. 69 Seiten, 11 Abb., 52 Tabellen. DM 33,80

HEFT 1370
Dr.-Ing. Albert Kuhlmann unter Mitarbeit der Herren Dr.-Ing. Wilhelm Bühne, Dr.-Ing. Wolfgang Hansch und Obering. Gerhard Schiemann, Technischer Überwachungs-Verein Rheinland e. V., Köln
Im Auftrage des Vereins Deutscher Ingenieure e.V.- Kommission Reinhaltung der Luft, Düsseldorf
Untersuchung der Emission schädlicher gasförmiger und fester Stoffe aus Ölfeuerungen für Dampfkessel unter 10 t/h Leistung und der möglichen Beeinflussung mittels Additiven
1964. 68 Seiten, 36 Abb., 2 Tabellen. DM 38,60

HEFT 1684

Dipl.-Phys. P. Winterhager, Mitteilung aus dem Institut für Verfahrenstechnik an der Rhein.-Westf. Technischen Hochschule Aachen

Direktor: Prof. Dr.-Ing. Siegfried Kiesskalt

Untersuchung des Rücksprühens an Modell-Elektrofiltern unter besonderer Berücksichtigung der mit dem Rücksprühen verbundenen, kurzzeitigen Stromimpulse

HEFT 1714

Prof. Dr.-Ing. Theodor Gast, Lehrstuhl und Institut für Meß- und Regelungstechnik, Technische Universität Berlin, im Auftrage des Vereins Deutcher Ingenieure – Kommission Reinhaltung der Luft –, Düsseldorf

Forschungsarbeiten zur Entwicklung eines gravimetrischen, automatisch registrierenden Konzentrationsmeßgerätes für den Feststoffgehalt in Rauch- und Abgasen *In Vorbereitung*

Verzeichnisse der Forschungsberichte aus folgenden Gebieten können beim Verlag angefordert werden:

Acetylen/Schweißtechnik – Arbeitswissenschaft – Bau/Steine/Erden – Bergbau – Biologie – Chemie – Druck/Farbe/Papier/Photographie – Eisenverarbeitende Industrie – Elektrotechnik/Optik – Energiewirtschaft – Fahrzeugbau/Gasmotoren – Fertigung – Funktechnik/Astronomie – Gaswirtschaft – Holzbearbeitung – Hüttenwesen/Werkstoffkunde – Kunststoffe – Luftfahrt/Flugwissenschaften – Luftreinhaltung – Maschinenbau – Mathematik – Medizin/Pharmakologie – NE-Metalle – Physik – Rationalisierung – Schall/Ultraschall – Schiffahrt – Textilforschung – Turbinen – Verkehr – Wirtschaftswissenschaften.

Springer Fachmedien Wiesbaden GmbH

GPSR Compliance
The European Union's (EU) General Product Safety Regulation (GPSR) is a set of rules that requires consumer products to be safe and our obligations to ensure this.

If you have any concerns about our products, you can contact us on

ProductSafety@springernature.com

In case Publisher is established outside the EU, the EU authorized representative is:

Springer Nature Customer Service Center GmbH
Europaplatz 3
69115 Heidelberg, Germany

www.ingramcontent.com/pod-product-compliance
Ingram Content Group UK Ltd.
Pitfield, Milton Keynes, MK11 3LW, UK
UKHW061700190726
13853UKWH00008B/2324

* 9 7 8 3 6 6 3 0 6 4 7 0 1 *